KLEINE TEXTE FÜR VORLESUNGEN UND ÜBUNGEN
HERAUSGEGEBEN VON HANS LIETZMANN

12

APOCRYPHA

IV

DIE APOKRYPHEN BRIEFE DES PAULUS AN DIE LAODICENER UND KORINTHER

HERAUSGEGEBEN

VON

ADOLF HARNACK

ZWEITE AUFLAGE
PHOTOMECHANISCHER NACHDRUCK

BERLIN
VERLAG VON WALTER DE GRUYTER & CO.
1931

Die beiden apokryphen briefe des Paulus an die Laodicener und Korinther sind nach ursprung und geschichte ganz verschieden. Wir kennen bisher unter den tausenden von bibelhandschriften nur eine einzige, in welcher sie beide stehen, nämlich in dem cod. Ambros. E 53 infer. saec. X (lat.). Ganz verschollen ist ein dritter apokrypher Paulusbrief »ad Alexandrinos«, von dem wir nur durch den verfasser des Muratorischen fragments etwas wissen (eine ganz unsichere spur bei ZAHN, Gesch. des ntlichen Kanons, 2. bd., 1890, s. 586 ff.).

DER LAODICENERBRIEF

S. ANGER, Über den Laodicenerbrief, 1843. LIGHTFOOT, Epp. to the Coloss. and Philemon, 1875, p. 340 ff. WESTCOTT, Histor. of the Canon, 6. edit., 1881. ZAHN, a. a. O., 2. bd., s. 566 ff. HARNACK, Gesch. der altchristl. Litteratur, I (1893) s. 33 ff., II 1 (1897) s. 702. BERGER, Hist. de la Vulgate, 1893. HENNECKE (KNOPF), NTliche Apokryphen, 1904, s. 138 ff., Handbuch zu den ntlichen Apokryphen, 1904, s. 204.

Der brief steht in sehr vielen lateinischen bibelhandschriften vom VI jahrhundert an (Fuldens.) und in einer aus dem lateinischen geflossenen arabischen Übersetzung (BRATKE i. d. Ztschr. f. wiss. Theologie, XXXVII, 1894, s. 137 f. und CARRA DE VAUX in der Rev. bibl. 1896 Avril p. 221 ff., Ms. Bibl. Nat. Paris, arab. nr. 80 saec. XII). Sonst ist er nicht nachgewiesen. Er hat, wie das sog. Speculum Augustini beweist, schon in sog. Itala-bibeln gestanden. Später als auf das IV jahrhundert kann er nicht angesetzt werden; er kann aber auch viel älter sein. Sicher ist er aus dem Griechischen — stümperhaft — übersetzt. Das macht es wahrscheinlich, dass der brief, der nach seiner geschichte wahrscheinlich aus dem abendland stammt, vor der mitte des III jahrhunderts gefälscht ist. Dennoch ist nicht anzunehmen, dass unser brief mit dem in dem sog. Muratorischen fragment z. 65 verworfenen identisch ist; denn dieser wird als »ficta ad haeresem Marcionis« bezeichnet, unser schriftstück hat aber mit Marcion weder zustimmend noch polemisch irgend etwas zu tun. Es ist übrigens nach inhalt und form die wertloseste urkunde, die aus dem kirchlichen altertum auf uns gekommen ist, und man könnte den brief ohne jeden verlust der vergessenheit übergeben, wäre er nicht ein jahrtausend lang in der abendländischen kirche (besonders in der englischen) von vielen als echter Paulusbrief gelesen worden. So ist er ein nicht unwichtiges dokument für die kritiklosigkeit der kirche. Erst das Tridentinum hat seinem unberechtigten anspruche ein ende gemacht.

Ob die zeugnisse des Orients für das vorhandensein eines Laodicenerbriefs — sie beginnen im IV jahrhundert, aber Eusebius und Athanasius schweigen — sich sämtlich auf unseren brief beziehen, ist controvers. Sicher kann es jedenfalls für die ältesten nicht behauptet werden. Die stelle Coloss. 4, 16 kann mehrmals anlass zu fälschungen gegeben haben; denn sie musste fort und fort jeden biblicisten beunruhigen. Doch darf man sich für die existenz eines anderen gefälschten Laodicenerbriefs nicht mit zuversicht auf das Muratorische fragment berufen, da der dort verworfene brief v i e l l e i c h t der Epheserbrief mit der ihm von Marcion gegebenen aufschrift »ad Laodicenos« ist.

Da die geschichte des briefs in der lateinischen kirche wichtiger als der brief selbst ist, so folgt hier eine übersicht über die stellung des briefs in den mss. des N. T.s, soweit sie bisher ermittelt worden ist (nach BERGER, a. a. O. s. 341 f.):

Phil. Laod. Col. (1 ms.).
Col. Laod. Thess. (c. 40 mss.).
Col. Thess. Laod. (c. 20 mss.).
Thess. Col. Laod. (c. 12 mss.).
Thess. Col. Tim. Tit. Laod. (4 mss.).
Philem. Laod. Hebr. (2 mss.).
Hebr. Laod. (c. 22 mss.).
Apoc. Laod. (c. 10 mss.).
Gal. Laod. Ephes. (mehrere deutsche mss.).
Hebr. der falsche Corintherbrief. Laod. (1 ms.).

Dem folgenden abdruck liegt die rezension von LIGHTFOOT zu grunde; verglichen sind die rezensionen von WESTCOTT und ZAHN. Die mss. R und X sind die besten zeugen für eine etwas erweiterte und sehr verbreitete gestalt des briefs. Daher sind ihre varianten mitgeteilt.

AD LAODICENSES

Paulus apostolus non ab hominibus neque per homi-
nem sed per Ihesum Christum, fratribus qui sunt Laodi-
ciae, [2]gratia uobis et pax a deo patre et domino Ihesu
Christo.
[3]Gratias ago Christo per omnem orationem meam,
quod permanentes estis in eo et perseuerantes in operibus
eius, promissum expectantes in diem iudicii. [4]neque
destituant uos quorundam uaniloquia insinuantium, ut
uos euertant a ueritate euangelii, quod a me praedicatur.
[5]et nunc faciet deus, ut quae sunt ex me ad profectum
ueritatis euangelii . . . . . deseruientes et facientes benigni-
tatem operum quae [?] salutis uitae aeternae. [6]et nunc
palam sunt uincula mea, quae patior in Christo, quibus
laetor et gaudeo. [7]et hoc mihi est ad salutem perpetuam,
quod ipsum factum orationibus uestris et administrante

In mehreren mss. (das älteste R = saec. x med., Brit. Reg. 1 E VII/VIII) geht eine kapitulation voran, deren beste form so lautet (nach X = Trinit. Coll. Cantabr. B 5 1 saec. XII): [1]Paulus apostolus pro Laodicensibus domino gratias refert et hortatur eos ne a seductoribus decipiantur. [2]De manifestis uinculis apostoli in quibus letatur et gaudet. [3]Monet Laodicenses apostolus ut sicut sui audierunt praesentia ita retineant et sine retractatu faciant. [4]Hortatur apostolus Laodicenses ut fide sint firmi et quae integra et uera et deo placita sunt faciant. et salutatio fratrum. 1 Christum + et deum patrem omnipotentem qui suscitauit eum a mortuis RX 2 patre + nostro einige mss. | domino + nostro einige mss. 3 Christo + deo meo einige mss., deo meo et Christo Ihesu RX | statt eius bieten einige mss. bonis, andere lassen in operibus eius aus | diem iudicationis RX 4 destituat Speculum (vielleicht richtig) | uaniloquentia viele mss. und Speculum | auertant R Speculum, so Westcott, Lightfoot, Zahn 5 die mss. bieten (von ganz jungen abgesehen) qui, aber das ist eine korrektur (bezogen auf deseruientes), nachdem die lücke nach euangelii sich bereits verwischt hatte; die beziehung zu Philipp. 1, 12 entscheidet | [. . . . .] Alle mss. sind hier lückenhaft, einige haben durch interpolationen zu helfen gesucht, um einen leidlichen sinn zu gewinnen | dei seruientes RX | operumque (operum quae) die meisten mss., eorum quae RX, operamque Cavensis u. so Zahn | salutis et ein ms. 6 in quibus laetor einige mss. 7 factum est einige mss. | et (nach uestris) fehlt in einigen mss. | administrantem spiritum

1 Galat. 1, 1 2 Philipp. 1, 2 3 Philipp. 1, 3 (nach der abendländischen lesart). (Röm. 2, 7. Philipp. 2, 30. Gal. 5, 5. Philipp. 1, 10; 2, 16) 4 (Coloss. 2, 4) 1 Tim. 1, 6. (II Tim. 4, 4) (Coloss. 1, 5) Gal. 2, 5. 14. Gal. 1, 11. 5 Philipp. 1, 12. 6 Philipp. 1, 13; 1, 18; 2, 17 7 Philipp. 1, 19. 20.

spiritu sancto, siue per uitam siue per mortem. 8 est enim
mihi uita in Christo et mori gaudium. 9 et id ipsum in
uobis faciet misericordia sua, ut eandem dilectionem habeatis
et sitis unianimes.

10 Ergo, dilectissimi, ut audistis praesentia mei, ita
retinete et facite in timore dei, et erit uobis uita in aeternum;
11 est enim deus qui operatur in uos, 12 et facite sine retractu
quaecumque facitis.

13 Et quod est, dilectissimi, gaudete in Christo et
praecauete sordidos in lucro. 14 omnes sint petitiones
uestrae palam apud deum, et estote firmi in sensu Christi.
15 et quae integra et uera et pudica et iusta et amabilia,
facite. 16 et quae audistis et accepistis, in corde retinete,
et erit uobis pax.

18 Salutant uos sancti. 19 Gratia domini Ihesu cum

sanctum Fuld. und einige muss. 8 mihi uere uita Fuld. und einige mss. Zahn, Westcott, mihi uiuere uita viele mss., mihi uiuere Lightfoot, mihi uita Harnack | lucrum et gaudium (oder ähnlich) einige mss. 9 in ipsum drei mss. und Zahn, in idipsum zwei mss., ipsum drei mss., ipse viele mss., id ipsum Lightfoot | misericordia sua Lightfoot, die mss. bieten misericordiam suam 10 pax et uita RX 11 uobis viele mss. 12 einige mss. bieten retractatu, retractatione (tractu, reatu) 13 quod est die meisten mss., quod est optimum (quodcunque optimum est) sieben mss., quod bonum est ein mss., reliquum ergänzen Lightfoot und Zahn. Schlechthin notwendig erscheint mir die ergänzung nicht, aber gewiss liegt Philipp. 3, 1 zu grunde. »quod est« kann selbst eine übersetzung von λοιπόν sein | Christo + domino einige mss. | sordidos + omnes (homines) einige mss. | lucrum RX 14 sensu firmi in Christo Ihesu R 15 et quae sunt integra et uera et iusta et pudica R | amabilia et sancta RX 16 audistis et uidistis et accepistis ein ms. als vers 17 findet sich in vielen mss. (nicht in Fuld.): salutate omnes fratres (oder omnes sanctos) in osculo sancto 18 omnes sancti bieten mehrere mss. (auch RX) | in Christo Ihesu + RX 19 domini nostri Ihesu Christi RX und viele mss.

8 Philipp. 1, 21 9 Philipp. 2, 2. Aus dieser stelle (ἵνα τὸ αὐτὸ φρονῆτε) scheint auch das »id ipsum« erklärt werden zu müssen; Lightfoot bezieht es auf den inhalt von vers 8; vielleicht ist »sentire« (φρονεῖν) nach id ipsum ausgefallen, doch ist diese annahme nicht notwendig; zu misericordiā suā s. Tit. 3, 5 10 Philipp. 2, 12 (II Thess. 2, 5: retinere = μνημονεύειν); der schluss ist johanneisch 11 Philipp. 2, 13 12 Philipp. 2, 14 (Coloss. 3, 17) 13 Philipp. 3, 1 (I Tim. 3, 8; Tit. 1, 7) 14 Philipp. 4, 6 (I Cor. 15, 58; 2, 16) 15 Philipp. 4, 8 16 Philipp. 4, 9 18 Philipp. 4, 22 19 Philipp. 4, 23

spiritu uestro; [20] et facite legi [Colosensibus et] Colosensium uobis.

20 et hanc einige mss., legi epistolam einige andere mss., Colosensibus et fehlt in vielen mss. (auch im Fuld. und im ms. von La Cava) und ist vielleicht zu streichen | Colosensium epistulam ein ms. | et facite legi Colosensibus hanc epistolam et Colosensium (Colosensibus R) uos legite. deus autem et pater domini nostri Ihesu Christi custodiat uos immaculatos in Christo Ihesu, cui est honor et gloria in secula seculorum. amen RX

20 Coloss. 4, 16

Der fälscher war von anfang an willens, aus dem Philipperbrief hauptsächlich die kosten für den neuen brief zu bestreiten, obgleich er mit Gal. 1, 1 anhebt. Zuerst (v. 2b—5) hat er einen anlauf genommen, wenigstens durch compilation etwas bescheiden selbständiges zu liefern, aber von v. 6 an stoppelt er nur sätze des Philipperbriefs, die akoluthie desselben innehaltend, zusammen. Wahrscheinlich hat er bei v. 5 seine eigene hülflosigkeit bemerkt und jeden weiteren versuch aufgegeben (die mangelhafte stilisierung von 5b mag die schlechte überlieferung des verses verschuldet haben). Unter solchen umständen sind drei stellen des briefs von einer gewissen bedeutung, nämlich die, welche nicht durch den Philipperbrief gedeckt sind: 1 die warnung vor häretikern v. 4; 2 die erwähnung von ἔργα τὰ τῆς σωτηρίας in v. 5 (wenn so zu lesen ist); denn der ausdruck ist unpaulinisch; 3 die warnung vor leuten, die schmutzigen gewinn treiben in v. 13. Diese drei stellen sind dem briefe »eigentümlich« und charakterisieren das interesse des verfassers. Indessen darf man nicht annehmen, dass er aus diesem interesse heraus den brief gefälscht hat. Das motiv der fälschung liegt einzig in Coloss. 4, 16; nur nebenbei kommen jene absichten dabei zum ausdruck.

DER KORINTHERBRIEF

S. die ältere litteratur bis zur auffindung der lateinischen übersetzung bei ZAHN, a. a. o. II s. 592 ff. VETTER, der apokryphe dritte Korintherbrief, 1894. HARNACK, a. a. o. I s. 37 ff. II, 1 s. 493 ff. 506 ff. CARL SCHMIDT, Acta Pauli aus der heidelberger koptischen Papyrushandschrift nr. 1, 1904. HENNECKE (ROLFFS) I s. 357 ff. II s. 358 ff. 388 ff. HARNACK in den Sitzungsber. d. Preuss. Akad. d. Wissensch. 1905, 12. januar. Untersuchungen über den apokryphen briefwechsel der Korinther mit dem Apostel Paulus.

Die entdeckung der Acta Pauli in koptischer übersetzung (C. SCHMIDT) hat sichergestellt, was LA CROZE und ZAHN schon vermutet hatten, dass der apokryphe brief des Paulus an die Korinther — oder vielmehr das schreiben der Korinther an Paulus, eine kurze ausführung über den empfang des briefs, und die antwort des apostels — ursprünglich ein bestandteil der alten Acta Pauli gewesen ist, ebenso wie die Acta Theclae und »das martyrium des Paulus«.

Seit 250 jahren war es bekannt, dass die alte armenische kirche diese stücke in ihrem Neuen Testamente gelesen und erst nach jahrhunderten ausgeschieden hat. Jetzt wissen wir (aus zitaten bei Aphraates, dem kommentar des Ephraem Syrus zu den Paulusbriefen und syrischen märtyrerakten), dass auch die syrische kirche den briefwechsel in ihrem N. T. — spätestens bereits in der ersten hälfte des IV Jahrhunderts und dann etwa 100 jahre lang — gehabt hat.

Im j. 1891 entdeckte BERGER in einer aus Biasca im Tessin stammenden lateinischen bibelhandschrift, die sich jetzt auf der Ambrosiana befindet (E 53 infer. saec. X), zwischen Hebr. und Laod. unseren briefwechsel (aber ohne das erzählende zwischenstück) und gab es zusammen mit CARRIERE heraus (Rev. de théol. et de philos. tom. 23, vgl. Theol.-Lit.-Ztg. 1892 nr. 1). Bald darauf fand BRATKE in einer lateinischen bibelhandschrift von Laon saec. XIII die briefe und publizierte sie in der Theol. Lit.-Ztg. 1892 nr. 24. Die übersetzung ist von der in der mailänder handschrift ganz verschieden und lässt auch auf ein sehr verschiedenes original schliessen, aber das erzählende zwischenstück fehlt auch hier. Endlich fand C. SCHMIDT in den trümmern der koptischen Acta Pauli, die er geordnet und entziffert hat, auch grosse bestandteile unseres briefwechsels.

Eine griechische handschrift hat sich bisher nicht gefunden; wohl aber ist benutzung in der apostolischen Didaskalia (saec. III) nachgewiesen und vielleicht bei Methodius (Berendts).

Die geschichte unseres briefwechsels in der kirche ist wohl so zu denken, dass die Acta Pauli ins lateinische und syrische im III jahrhundert übersetzt worden sind. Als sie noch hohe dignität besassen — aber schon Tertullian de bapt. 17 hat ihre autorität bekämpft und uns zugleich mitgeteilt, dass ein kleinasiatischer presbyter sie, augenscheinlich vor nicht langer zeit, verfasst habe; doch schlug das noch nicht durch — haben die Syrer zwischen den jj. 250 und 320 den briefwechsel aus den Acta ausgegliedert und ihrem N. T. einverleibt. Die Armenier empfingen, wahrscheinlich schon für ihre erste bibel, von den Syrern auch die falschen briefe. Ganz dunkel ist die geschichte der briefe in der lateinischen kirche: wir haben lediglich die beiden lateinischen bibelhandschriften, die sie enthalten, ohne jede begleitende tradition. Schwerlich kann es auch hier anders zugegangen sein, als bei den Syrern, nur dass dort die ganze kirche (oder doch viele kirchen) die briefe recipierte, während hier nur in ein paar verborgenen lokalgemeinden die briefe aus den lateinischen Acta Pauli ausgegliedert und in das N. T. aufgenommen worden sind. Aus den fundorten der handschriften, die weit von einander liegen, lässt sich in bezug auf den ort, wo das geschah, nichts sicheres schliessen.

Der briefwechsel ist genau so zu beurteilen wie die Acta Pauli, aus denen er stammt: für die geschichte des Paulus lässt sich nichts aus ihm lernen; er beruht auf purer erfindung. Aber für die zeit und das land, aus dem er stammt, lässt sich manches lernen; s. näheres bei C. SCHMIDT und in meiner abhandlung.

Von den fünf zeugen (A = Armen., zahlreiche handschriften, von VETTER rezensiert und übersetzt; E = Ephraem's kommentar zu den briefen, leider nur in armenischer übersetzung erhalten, deutsche übersetzung bei ZAHN von KANAJANZ, a. a. O., und von VETTER; L_1 = Ambros.; L_2 = Laon.; K = Kopte) sind L_2 und K die besten. A und L_1 haben dieselben grossen interpolationen, E steht zwischen den beiden gruppen und deckt sich — zu seinem vorteil — keineswegs überall mit A. Leider haben L_1 und L_2 grosse lücken, und in K ist nur etwa die hälfte des textes enthalten. In E ist der text mit paraphrastischen zusätzen gegeben, die sich aber meistens leicht erkennen lassen. K hat uns zahlreiche

---

INCIPIUNT SCRIPTA CORINTHIORUM AB (!) APOSTOLUM PAULUM

1 Stephanus et qui cum eo sunt omnes maiores natu Daphinus et Eubolus et Theophilus et Zenon, Paulo fratri in domino aeternam salutem.

2 Superuenerunt Corinthum uiri duo, Simon quidam et Cleobius, qui corundam fidem peruertunt uerbis adulteris, 3 quod tu proba; 4 nunquam enim audiuimus a te talia ... 5 .... 6 ... in carne t ... 7 ... nos. 8 credimus enim sicut adapertum est ...., quoniam liberauit te dominus de manu

2 Corintho 4 ff. es sind 4 zeilen im ms. abgerissen (ausser den 8 ersten buchstaben der 4. zeile). in L_2 lauten die worte: »ista enim numquam neque a te neque ab aliis apostolis audiuimus, sed quaecunque ex te aut ex illis accepimus, custodimus. cum ergo dominus nostri misereatur, ut, dum adhuc in carne es, iterum haec a te audiamus, aut perueni ad nos aut scribe nobis; credimus enim« etc. 8 der name ist unleserlich

worte der briefe in der griechischen originalsprache erhalten. Das verwandtschaftsverhältnis der fünf zeugen ist ein sehr verwickeltes und lehrt — da wir E sicher zu datieren vermögen —, dass die wichtigen varianten dem III jahrhundert angehören. In dieses jahrhundert gehören auch die beiden lateinischen versionen. L_1 hat einen jüngeren text sklavisch treu in die vulgärsprache übersetzt, L_2 einen älteren, ausgezeichneten text frei in ein gebildeteres idiom. Einiges spricht übrigens dafür, dass L_2 die übersetzung L_1 gekannt hat.

In dem folgenden übergebe ich links den text von L_1, damit wenigstens eine alte übersetzung zu worte kommt und damit auch die alten grossen interpolationen in AL_1 (Paulusbrief v. 14. 22. 23. 33) zu ihrem rechte gelangen, rechts eine rückübersetzung ins griechische, die ich auf grund der fünf zeugen gemacht habe. Die rechtfertigung ist in meiner akademischen abhandlung gegeben. Auf einen kurzen apparat, der nur das wichtigste enthält, durfte nicht verzichtet werden.

[ΕΠΙΣΤΟΛΗ ΚΟΡΙΝΘΙΩΝ ΠΡΟΣ ΠΑΥΛΟΝ]

1 Στέφανος καὶ οἱ σὺν αὐτῷ πρεσβύτεροι Δάφνος καὶ
Εὔβουλος καὶ Θεόφιλος καὶ Ξένων Παύλῳ ἐν κυρίῳ χαίρειν.
2 Ἀνῆλθον εἰς Κόρινθον δύο [ἄνδρες] τινές, Σίμων καὶ
Κλεόβιος, οἳ ἀνατρέπουσι τήν τινων πίστιν λόγοις βλαβε-
ροῖς, 3 οὓς σὺ δοκίμαζε, 4 οὐδέποτε γὰρ ἠκούσαμεν οὔτε
παρὰ σοῦ τοιαῦτα οὔτε παρὰ τῶν ἄλλων ἀποστόλων,
5 ἀλλ' ἃ παρὰ σοῦ καὶ τῶν ἄλλων ἐλάβομεν κρατοῦμεν.
6 ὡς [εἰ?] οὖν ὁ κύριος ἠλέησεν ἡμᾶς, ἵνα ἐπιμένοντος
ἔτι σου ἐν τῇ σαρκί [σου] πάλιν ἀκούωμεν [ταῦτα] παρὰ
σοῦ, 7 ἔρχου πρὸς ἡμᾶς· 8 πιστεύομεν γάρ, ὡς ἀπεκαλύφθη,

1 πρεσβύτεροι: + omnes L_1 | Ζήνων L_1 L_2 | Παύλῳ: + τῷ ἀδελφῷ AL_1E | aeternam salutem L_2 2 ἀνατρέπουσι: + gewaltig A 3 proba et examina L_2, du musst kunde erhalten AE 5 (aber) so viel wissen wir, dass wir alles, was AE | fest bewahrt haben A 6 grosses erbarmen AE | σαρκί σου KL_1, σαρκί L_2AE | ταῦτα L_2AE, fehlt in K 7 wenn es möglich ist, dass du kommst zu uns K, aut perueni ad nos aut scribe nobis L_2, nun entweder schreib du uns oder komm doch sofort selbst zu uns A, oder komm gar selber sofort zu uns E 8 Theonoe K, Atheonae L_2, dem Theonas A, dem Etheonas E, fehlt in L_1 | dass er entweder dem E. sich geoffenbart und Christus dich aus den händen jenes gott-

1 s. die adresse des Polykarpbriefs 2 zu βλαβεροῖς s. 1 Tim. 6, 9. Der vers ist benutzt in der Didasc. apost. 23 4 s. 1 Kor. 1 ff. 6 s. Philipp. 1, 24 8 II Thess. 2, 8 | die verse 10. 11. 12 sind in der Didasc. apost. benutzt, unmittelbar nach der reminiscenz aus v. 2

iniqui; petimus ut rescribas nobis; [9]sunt enim quae dicunt
et docent talia: [10]non debere inquiunt uatibus credi, [11]neque
esse deum . . ., [12]neque esse resurrectionem carnis, [13]sed
nec esse figm[entum] hominem dei, [14]sed neque in carne
uenisse Christum, sed neque ex Maria natum, [15]sed nec
esse saeculum dei sed nuntiorum. [16]propter quod petimus,
frater: omni necessitate cura uenire ad nos, ut non in
offensam maneat Corinthiorum ecclesia, et eorum dementia
inanis inueniatur. Vale in domino.

11 ein loch im ms.

Θεονόῃ, ὅτι ὁ κύριός σε ἐκ τῶν χειρῶν τοῦ ἀνόμου ἐρρύ-
σατο· 9 ἔστι δὲ ἃ λέγουσι καὶ διδάσκουσι τάδε· 10 οὐ δεῖ,
φασί, τοῖς προφήταις χρῆσθαι, 11 οὔτε τὸν θεὸν εἶναι παντο-
κράτορα, 12 οὔτε ἀνάστασιν εἶναι τῆς σαρκός, 13 οὔτε πλάσιν
τὸν ἄνθρωπον εἶναι τοῦ θεοῦ. 14 οὔτε ἐν σαρκὶ τὸν Χριστὸν
ἐληλυθέναι οὔτε γεγεννῆσθαι ἐκ Μαρίας, 15 οὔτε τὸν κόσμον
εἶναι τοῦ θεοῦ ἀλλὰ τῶν ἀγγέλων. 16 διὰ τοῦτο, ἀδελφέ,
πᾶσαν σπουδὴν ποιοῦ ἔρχεσθαι πρὸς ἡμᾶς, ἵνα μὴ σκανδαλισθῇ
ἡ τῶν Κορινθίων ἐκκλησία καὶ ἡ μωρία [ματαιολογία] ἐκείνων
κένωθῇ [ἀποκαλυφθῇ]. ἔρρωσο ἐν κυρίῳ.

[ΔΙΗΓΗΣΙΣ]

1 Ἀνήνεγκον οἱ διάκονοι τὴν ἐπιστολὴν εἰς Φιλίππους,
Θρέπτος καὶ Εὔτυχος, 2 ὥσ[τε] τὸν Παῦλον λαβεῖν αὐτήν,
ὃς δεδεμένος ἦν διὰ τὴν Στρατονίκην, τὴν γυναῖκα τοῦ
Ἀπολλοφάνους· καὶ ἐπένθει 3 καὶ ἔκραξε λέγων· κρεῖτ-
τον ἦν μοι ἀποθανεῖν καὶ ἐνδημῆσαι πρὸς τὸν κύριον
ἢ εἶναι ἐν τῇ σαρκὶ καὶ τοιούτους λόγους . . . ἀκοῦσαι . . .,
ὥστε λύπην ἐλθεῖν ἐπὶ λύπην, 4 und nicht mögen, nachdem
[während] ich um der menschen willen [?] fesseln ertragen

losen gerettet und zu uns gesandt habe, oder dass du einen brief an uns schreiben werdest E | de manu L_1. 9 ἔστι L_1 L_2 es sind die verkehrten reden K E A (K A dazu: dieser leute) 13 sondern von den sieben lenkern + F 14 τὸν κύριον K, unseren herrn E | der jungfrau Maria A E 15 ein geschöpf gottes A E | nuntiorum L_1 L_2, irgend eines von den engeln A 16 ἀδελφέ fehlt in E | nach hier zu uns K | die stadt der Korinther A E | inanis inueniatur L_1, manifestetur L_2 K, vor allen zu schanden und ausgetilgt werde A E | ἔρρωσο] + semper L_2

ΔΙΗΓΗΣΙΣ: Das ganze stück fehlt in L_1 L_2 1 nahmen, brachten A E, nahmen hinauf K | οἱ διάκονοι und ihre namen fehlen in E | in die stadt Phil. A E 2 E ist fast unbrauchbar | Statonike A, der name fehlt in E | ἐπένθει: + so sehr, dass er der banden vergass, wegen der reden, die er hörte + A E. Der 2. vers und der anfang des 3. können nicht mehr sicher hergestellt werden. 3 er rief aus K, er sagte A E | λέγων: + weinend A | κύριον: + in hoffnung und frieden E | in E fehlt alles nach σαρκί, in K sind drei zeilen verschwunden; also ist A für den rest des verses der einzige zeuge. Da für v. 4 u. 5 (ausser L_1 L_2) auch K fast ganz fehlt, so habe ich keine rückübersetzung gewagt. In v. 4 habe ich die Fassung von E, in v. 5 von A bevorzugt 4 priester E, ränke A | zuvorkommen: + zu verwirren und zu verkehren die menschen, welche ich bekehre E

3 s. Philipp, 1, 23; II Kor. 5, 8

INCIPIT RESCRIPTUM PAULI APOSTOLI AD CORINTHIOS

1 Paulus, uinctus lhesu Christi his qui sunt Corintho
fratribus in domino salutem.
2 In multis cum essem taediis, non miror, si sic tam
cito percurrunt maligni decreta, 3 quia dominus meus Ihesus
Christus citatum aduentum suum faciet, decipiens eos qui
adulterant uerbum eius; 4 ego enim ab initio tradidi uobis
quae et accepi et tradita sunt mihi a domino et eis, qui
ante me sunt apostoli et fuerunt omni tempore cum Christo
Ihesu, 5 quoniam dominus noster Ihesus Christus ex uirgine
Maria natus est ex semine Dauid secundum carnem de sancto
spiritu de caelo a patre misso in eam per angelum Gabriel,
6 ut in hunc mundum prodiret Ihesus in carne, ut liberaret

5 de vor sancto spiritu ist schwerlich zu tilgen

[ertrage], wieder die priester [ränke] Satans zuvorkommen [anlaufen]. 5 und so fertigte Paulus unter vielen leiden die antwort auf den brief aus.

[ΕΠΙΣΤΟΛΗ ΠΑΥΛΟΥ ΠΡΟΣ ΚΟΡΙΝΘΙΟΥΣ]

1 Παῦλος, ὁ δέσμιος Ἰησοῦ Χριστοῦ, τοῖς ἀδελφοῖς τοῖς οὖσιν ἐν Κορίνθῳ χαίρειν. 2 Ἐν πολλαῖς ἀηδίαις ὧν οὐ θαυμάζω ὅτι [οὕτω ταχέως] προχωρεῖ τὰ δόγματα τοῦ πονηροῦ· 3 ὁ δὲ κύριός μου Ἰησοῦς Χριστὸς ταχυνεῖ τὴν ἐπιφάνειαν αὐτοῦ, ἀθετῶν τοὺς δολοῦντας [μεθοδεύοντας] τὸν λόγον [τὰ λόγια] αὐτοῦ. 4 ἐγὼ γὰρ ἐν ἀρχῇ παρέδωκα ὑμῖν ἃ παρέλαβον ἀπὸ τῶν πρὸ ἐμοῦ ἀποστόλων, οἳ ἐν παντὶ χρόνῳ συνῆσαν Ἰησοῦ Χριστῷ, 5 ὅτι ὁ κύριος ἡμῶν Ἰησοῦς Χριστὸς ἐκ Μαρίας ἐκ σπέρματος Δαυεὶδ ἐγεννήθη πνεύματος [ἁγίου] ἐξαποσταλέντος ἐκ τοῦ οὐρανοῦ ἀπὸ τοῦ πατρὸς εἰς αὐτήν, 6 ἵνα ἔλθῃ εἰς τοῦτον

5 und so unter vielen leiden in folge der verfolgungen und enttäuschungen, die er erduldet hatte, fertigte Paulus weinend die antwort auf den brief für die Korinthier, indem er also sagte E.

1 Κορίνθῳ: + aus vielem missgeschick dahier A, aus vieler bedrängnis dahier, die ich habe durch foltern und fesseln und schlimme nachrichten E | in domino salutem L_2 2 ἐν πολλ. ἀηδ. ὧν fehlt in AE (s. zu v. 1) | sic tam cito L_1, also in eile AEK, om. L_2 | προχωρεῖ: + in die welt E | τὰ δόγματα (τοῦ πονηροῦ) griechisch in K erhalten, decreta L_1, disciplina L_2, die versuchungen AE 3 citatum aduentum suum faciet L_1 AE, uelociter ueniet K L_2 (vielleicht das ursprüngliche) | ἀθετεῖν ist durch K erhalten, aber der satz ist in KAE missverstanden 4 παρέλαβον: + et tradita sunt mihi a domino L_1 | nostris sanctis apostolis L_2 | mit unserem herrn Jesus Christus A L_2, mit unserem herrn E 5 ex uirgine Maria L_1 A | σπέρματος L_1 L_2 K, geschlecht AE | Δαυείδ: + secundum carnem L_1 | in der 2. hälfte des verses zahlreiche varianten, aber die widerherstellung ist sicher (bis auf ἁγίου, welches in L_2 fehlt) 6 die welt A | ἔλθῃ: + in carne L_1, schreibt dann aber (vielleicht richtig) per suam natiuitatem | relinquendum se statuit L_2 (nach I Pet. 2, 21).

5 s. II Kor. 2, 4

1 s. Philem. 9, Ephes. 3, 1 2 s. Gal. 1, 6 3 s. II Kor. 4, 2 bez. Polycarp cp. 7 4 I Kor. 11, 23; Gal. 1, 17; Act. 1, 21; Ignat., Ephes. 11 5 Aphraates und Ephraem (kom. z. diatess.) citieren diesen vers: »und (auch) der apostel bezeugt, dass (unser herr) Jesus Christus von Maria war vom samen des hauses Davids (durch den geist der heiligkeit)« 6 s. I Tim. 1, 15

omnem carnem per suam natiuitatem, et ut ex mortuis nos
excitet corporales, sicut et ipse se tipum nobis ostendit,
[7]quia homo a patre eius finctus est. [8]propter quod et per-
ditus quaesitus est ab eo, ut uiuificetur per filii creationem;
[9]nam quia deus omnium et omnia tenens, qui fecit caelum
et terram, misit primum Iudaeis prophetas, ut a peccatis ab-
straherentur; [10]consiliatus enim saluare domum Israel, par-
titus ergo a spiritu Christi misit in prophetas, qui enarauerunt
dei culturam et natiuitatem Christi praedicantes temporibus
multis. [11]non quia iustus princeps, deum uolens esse se,
eos sub manu necabat et omnem carnem hominum ad suam
uoluntatem alligabat, et consummationes mundi iudicio ad-
propinquabant; [12]sed deus omnipotens, cum sit iustus, nolens
abicere suam finctionem, misertus est de caelis [13]et misit
spiritum sanctum in Mariam in Galilea, [14]quae ex totis prae-
cordiis credidit accepitque in utero spiritum sanctum, ut in

6 vielleicht et liberaret | ms. irrtümlich est tipum 8 am schluss bietet ms. dte worte: »ut per quam carnem conuersatus est malus, per eam et uinceretur, quia non est deus; suo enim corpore Ihesus Christus saluauit omnem carnem«. Sie finden sich v. 15. 16 wieder, und dorthin gehören sie auch (s. die anderen zeugen). Da sie dort in etwas anderer übersetzung stehen, so ist mit Vetter anzunehmen, dass schon die griechische vorlage von L_1 die dittographie geboten hat 10 ms. consolatus, Zahn und Diels consiliatus 11 non kann nicht richtig sein | ms. negabat 13 Vetter will misertus est, de coelis emisit

τὸν κόσμον [ὁ Ἰησοῦς] καὶ ἐλευθερώσῃ πᾶσαν τὴν σάρκα διὰ
τῆς σαρκὸς αὐτοῦ καὶ ἵνα ἀναστήσῃ ἡμᾶσ ἐν σαρκὶ ἐκ τῶν
νεκρῶν, ὡς καὶ αὐτὸς ἑαυτὸν τύπον ἡμῖν ἀπέδειξεν. [7] καὶ ὅτι
ὁ ἄνθρωπος ὑπὸ τοῦ πατρὸς [αὐτοῦ] ἐπλάσθη, [8] διὰ τοῦτο καὶ
ἀπολωλὼς ἐζητεῖτο, ἵνα ζωοποιηθῇ διὰ τῆς υἱοθεσίας. [9] ὁ γὰρ
θεὸς παντοκράτωρ, ὁ κτίσας τὸν οὐρανὸν καὶ τὴν γῆν, πρῶτον
τοὺς προφήτας τοῖς Ἰουδαίοις ἔπεμψεν, ἵνα ἀποσπασθῶσιν ἀπὸ
τῶν ἁμαρτιῶν· [10] ἐβουλεύσατο γὰρ σώζειν τὴν οἰκίαν τοῦ
Ἰσραήλ· διὰ τοῦτο ἀπομερίσας ἀπὸ τοῦ πνεύματος τοῦ Χριστοῦ
ἔπεμψεν εἰς τοὺς προφήτας, οἳ τὴν ἀψευδῆ λατρείαν ἐκήρυξαν
πολλοῖς χρόνοις. [11] ὁ δὲ ἄρχων, ἄδικος ὤν, ὅτι θεὸς ἐθέλησεν
εἶναι, ἐπιβαλὼν τὰς χεῖρας ἀπέκτεινεν αὐτούς, [καὶ] οὕτως
πᾶσαν τὴν σάρκα τῶν ἀνθρώπων τῇ ἐπιθυμίᾳ προσέδησεν.
[12] ὁ δὲ θεὸς παντοκράτωρ [δίκαιος ὤν], οὐ βουλόμενος παρεῖναι
τὴν πλάσιν αὐτοῦ, [ἠλέησεν] [13] [καὶ] ἐξαπέστειλεν τὸ πνεῦμα

7 und damit offenbar würde dass A | der erste mensch E | a patre eius L_1 | πλάσσειν ist durch K überliefert 8 durch die gnade und in der kindschaft sei E 9 deus omnium et L_1 (vielleicht ursprünglich), gott der über alles herr ist A, gott über alle welten E | παντοκράτωρ fehlt in A, dafür (nach II Kor. 11, 31) der vater unseres herrn Jesu Christi | abstraherentur L_1, erlöst würden E, damit er sie herausziehe A, auellere uellet L_2 (in K ist der satz fast ganz ausgebrochen) | sünden und von ihrer götzenanbetung + E | und zu seiner gerechtigkeit erhebe + A (nach Röm. 6, 18 ff.) 10 qui enarrauerunt dei culturam et natiuitatem Christi praedicantes temporibus multis L_1 (vielleicht richtig), welche den unmangelhaften gottesdienst und die geburt Christi predigen sollten viele zeiten hindurch A D 11 ἄρχων und ἄδικος sind durch K griechisch überliefert | da er sich zum gott machen wollte AE | uoluptatibus obligando L_2, fesselte durch die sünde (begierlichkeit E) AE, ad suam uoluntatem alligabat L_1; in K sind die Worte abgebrochen | am schluss + L A_1: denn das gericht der welt (consummationes mundi iudicio) war nahe 12 nach πλάσιν fehlen 6 zeilen in K (bis einschliesslich v. 15) | δίκαιος ὤν fehlt in L_2 | abicere K L_1, infirmari L_2, verachten A, paraphrase in E; παρεῖναι habe ich nach Ps. 138, 8 gewählt | ἠλέησεν καὶ fehlt in L_2 13 suum L_2, sanctum L_1 A E | am ende der zeiten + A | mit aller glut + E | jungfrau + A | in galilea + L_1 E | zuvorbeschrieben durch die propheten + A 14 ist ein späterer zusatz in L_1 (s. dort) und A (welche weil sie von ganzem herzen

7 s. I Tim. 2, 13 8 Luc. 19, 10; Röm. 8, 15. 23; 9, 4; Gal. 4, 5; Ephes. 1, 4. 10 Aphraates zitiert: »und auch der selige apostel sagt: gott verteilte von dem geist seines Christus und sandte ihn seine.. propheten« 13 s. Gal. 4, 4

seculum prodiret Ihesus, [15]ut per quam carnem conuersatus est malus, per eam uictus probatus est non esse deus. [16]suo enim corpore Ihesus Christus ... [17]... [18].....

.... [19].. sed filii ... prudentiam absque fide, dicentes non esse caelum et terram et omnia quae in eis sunt patris opera; [20]ipsi sunt ergo filii irae; maledictam enim colubri fidem habent, [21]quos repellite a uobis et a doctrina eorum fugite. [22]non enim estis filii inoboedientiae sed amantissimae ecclesiae; [23]proptera resurrectionis tempus praedicatum est.

[24]quod autem uobis dicunt resurrectionem non esse carnis, illis non erit resurrectio in uitam, sed in iudicium eius, [25]quoniam circa eum qui resurrexit a mortuis infideles sunt, non credentes neque intellegentes; [26]neque enim, uiri Corinthii, sciunt tritici semina sicut aliorum seminum quoniam

15 ms. uinctus, s. oben zu v. 8 (dort »et uinceretur, quia non est deus«) 16ff. es sind drei zeilen im ms. fast ganz abgerissen, auf der vierten sind noch» ... sed filii ... prudentiam« zu lesen. In L_2 lauten die worte: »Christus Ihesus omnem carnem seruauit, iustitiam et exemplum in suo corpore ostendens, per quod liberati sumus; qui ergo istis consentiunt non sunt filii iustitiae sed irae, quia dei prudentiam respuunt dicentes« etc, 19 absque fide ist eine sinnlose verschreibung für ein verbum) 24 eius scheint unrichtig zu sein 26 statt sicut ist wohl aut zu lesen

αὐτοῦ εἰς Μαρίαν, [15] ἵνα ἐν ᾗ σαρκὶ ὁ πονηρὸς ἐκαυχήσατο,
διὰ ταύτης νενικημένος ἀποδειχθῇ. [16] διὰ γὰρ τοῦ ἰδίου
σώματος Ἰησοῦς Χριστὸς πᾶσαν τὴν σάρκα ἔσωσε, [17] τὸν
τῆς δικαιοσύνης ναὸν ἐν τῷ ἰδίῳ σώματι ἀποφαίνων, [18] ἐν
ᾧ ἐσώθημεν.
[19] Σύνιστε οὖν ἑαυτοῖς, ὅτι ἐκεῖνοι οὐκ εἰσιν υἱοὶ τῆς
δικαιοσύνης ἀλλὰ [υἱοὶ] τῆς ὀργῆς, οἳ τὴν σύνεσιν τοῦ θεοῦ
ἀπωθοῦνται λέγοντες, τὸν οὐρανὸν καὶ τὴν γῆν καὶ [πάντα]
τὰ ἐν αὐτοῖς οὐκ εἶναι ἔργον τοῦ θεοῦ· [20] τὴν γὰρ πίστιν τοῦ
κατηραμένου ὄφεως ἔχουσιν· [21] τούτους οὖν ἀπωθεῖσθε ἀφ'
ἡμῶν καὶ ἀπὸ τῆς διδαχῆς αὐτῶν φεύγετε.
[24] οἱ δὲ λέγοντες ἀνάστασιν οὐκ εἶναι τῆς σαρκὸς τού-
τοις ἀνάστασις οὐκ ἔσται, [25] ὅτι [οἳ] οὐ πιστεύουσιν, ὅτι ὁ
νεκρὸς [*scil.* ὁ κύριος] οὕτως ἀνέστη. [26] ἀγνοοῦσι γάρ, ὦ

glaubte, würdig war zu empfangen und zu gebären unseren herrn Jesus Christus) 15 E ist hier unbrauchbar; dass er kein gott war (quia non est deus) + am schluss L_1 A (nach II Thess. 2, 4) 16 σώματος L_1 L_2 K, fleisch A E | nach Jesus Christus ist in L_1 fast alles bis v. 19 init. zerstört | berufen und erlöst A E, das vergängliche fleisch A | und hat es ins ewige leben gezogen durch den glauben + A 17. 18 in A E mehrere zusätze (heiligen tempel haben beide) | statt ἐν ᾧ ist vielleicht δι' οὗ zu lesen 19 qui ergo istis consentiunt L_2, wisset also dass A, nun E, verstümmelt K | prudentiam L_1 L_2 K, die erbarmung der barmherzigkeit A E | respuunt L_2 (K), von sich abkürzen A E, absque fide (verschrieben) L_1 | quae L_2, omnia quae A L_1 K E | opus dei L_2, patris opera (vielleicht richtig) L_1, das werk gottes des vaters des alls K 20 L_1 wiederholt am anfang ipsi sunt ergo filii irae | maledictam fidem colubri A L_1 21 a + in der kraft gottes A E | verkehrten (lehre) + A E | fugite L_1 L_2, treibet weg von euch A E, (haltet) euch (ferne) K die verse 22 und 23 sind ein späterer zusatz in L_1 (s. dort) und A; A fügt noch »bei allen« (gepredigt) hinzu 24 λέγοντες: + uobis L_1 K | ἔσται: + in uitam sed in iudicium eius L_1, sibi dicunt quia non resurgent L_2, die werden auch nicht auferstehen zum ewigen leben, sondern zur verdammung und zum gericht werden sie auferstehen mit dem ungläubigen fleische; denn das fleisch, welches sagt, dass keine auferstehung sei, dem soll keine auferstehung zum leben sein A 25 dass der tote auferstanden ist in eben dieser weise K, eines solchen auferstandenen E, des auferstandenen A, quia mortuus resurrexerit L_2, circa eum qui resurrexerit a mortuis L_1 | non credentes neque intellegentes + L_1 26 τροφαί in K griechisch erhalten; K bricht hier leider ab; nur noch aus vers 28 und 36 sind einige worte erhalten | ἀγνοοῦσι

15 vielleicht benutzt bei Methodius, Conviv. 3, 6 (Berendts) 17 s. I Kor. 3, 17; Ephes. 2, 21 19 s. I Tim. 1, 19 26 s. I Kor. 15, 37; II Kor. 5, 3, vgl. I Klem. 24, Iren. fragm. gr. 12 (Harvey)

nuda mittuntur in terra et simul corrupta deorsum surgunt
in uoluntate dei corporata et uestita; [27]non solum corpus,
quod missum est, surgit, sed quam plurimum se benedicens.
[28]et si non oportet a seminibus tantum facere parabolam,
sed a dignioribus corporibus, [29]uide, quia Jonas, Amathi
filius, Nineuitis cum non praedicaret, sed cum fugisset, a
caeto gluttitus est, [30]et post triduum et tres noctes ex al-
tissimo inferno . . . exaudiuit deus orationem Jonae, et nihil
illius corruptum est, neque capillus neque palpebra: [31]quanto
magis uos, pusilli fide, et eos qui crediderunt in Christum
Ihesum excitabit, sicut ipse resurrexit? [32]s[i . . .] super ossa
Helisaei prophetae mortuus missus est a filiis Israel, et re-

27 auch der Syrer hat das actiuum benedicens: se hat Berendts 30 ein unleserliches wort 32 die ergänzung similiter et ist nach v. 33 möglich

Κορίνθιοι, τὰ σπέρματα τοῦ σίτου ἢ τῶν λοιπῶν τροφῶν ὅτι
γυμνὰ βάλλεται εἰς τὴν γῆν καὶ διεφθαρμένα ἀνίσταται ἐν
τῷ θελήματι τοῦ θεοῦ σεσωματοποιημένα [καὶ ἠμφιεσμένα].
27 καὶ οὐ μόνον τὸ βεβλημένον ἀνίστησιν, ἀλλὰ πολλαπλάσια
εὐλογῶν. 28 εἰ δὲ οὐκ ἀπὸ τῶν σπερμάτων ὀφείλομεν ποιεῖν
τὴν παραβολήν, 29 ἐπίστασθε [γε] ὅτι Ἰωνᾶς ὁ τοῦ Ἀμαθεὶ
οὐ βουλόμενος κηρύσσειν τοῖς [ἀνδράσι] Νινευὴ ὑπὸ τοῦ κή-
τους κατεπόθη. 30 καὶ μετὰ τριήμερον [τρεῖς ἡμέρας] καὶ
τρεῖς νύκτας ἐκ τῶν κατωτάτων ᾅδου εἰσήκουσεν ὁ θεὸς τὴν
εὐχὴν τοῦ Ἰωνᾶ, καὶ οὐδὲν αὐτοῦ ἀνήλωτο, οὔτε ἡ θρὶξ οὔτε
ἡ ὀφρύς· 31 πόσῳ μᾶλλον ὑμᾶς, οἱ πεπιστεύκατε εἰς Χριστὸν
Ἰησοῦν, ἀναστήσει, ὡς καὶ αὐτὸς ἀνέστη. 32 καὶ εἰ ὁ ἐπὶ

L_1 L_2, ihr wisset ja A, nun E | ἄνδρες Κορίνθιοι L_1 A E, Κορίνθιοι K L_2 die samen L_1 E, der same A, die saat K L_2 | mittunter L_1 L_2, fallen A E (ein einzelnes korn fällt A) | διεφθαρμένα: + dort unten A θεοῦ L_1 L_2 E, des herrn A | corporata et uestita L_1, in dem nämlichen leib und bekleidet A, in den gleichen leib gekleidet E, et fiunt unum corpus L_2 27 βεβλημένον: + σῶμα L_1 A (der einfache leib A), verkürzend E | surgit sed quam plurimum se benedicens L_1, (sich) aufrichtet segnend E, aufgerichtet und mit segen erfüllt A, surgit sed multiplex L_2 | mit mannigfaltigen stammesgenossen + A E 28 der vers fehlt in E | sed a dignioribus corporibus + L_1, sondern von den schätzbaren menschlichen leibern A; auch K hat wohl diesen vielleicht ursprünglichen nachsatz gelesen 29 E verkürzt | scitis A L_2, uide L_1 | weil er sich verhärtete, den Niniviten (in Niniuem L_2, Nineuitis L_1) zu predigen A | sed cum fugisset + L_1 | versenkt in den bauch des fisches A E; A E bringen die drei tage und drei nächte schon hier und lassen sie v. 30 fort 30 triduum et tres noctes L_1 | ex altissimo inferno L_1 A E, ex infima morte L_2 | exaudiuit A E L_1, surrexit; exaudiuit enim L_2 | orationem L_2 A E, orantem L_2 | vor καὶ οὐδὲν + und er sich bekehrte E | die 6 letzten worte nach L_1 L_2, und keine augenwimper war gekrümmt und kein haar von seinem leibe war abgefallen A 31 E paraphrasiert | ὑμᾶς: + ihr kleingläubigen A L_1 (L_1 + ausserdem et eos qui crediderunt) | den herrn Jesus Christus A 32 in diesem verse bieten die zeugen zahlreiche varianten | pusillae fidei + L_1 | corpus et anima et ossa et spiritus hat L_1 irrtümlich in die erste vershälfte gestellt, super corpus et ossa (et) spiritum domini missi L_2, die ihr auf das fleisch und das blut und den geist Christi euch gestützt habt A, die ihr in eurem glauben auf das blut und den leib und den geist Christi euch gestützt habt E | am schluss + sicut et Christus resurrexit L_1

29 s. Matth. 12, 40 30 Jonas 2, 3 31 s. Röm. 6, 4 32 IV Reg. 13, 21; Luc. 24, 39. Vielleicht ist dieser vers in der Didasc. apost. benutzt (s. Texte u. Unters. XXV h. 2 s. 143)

surrexit corpus et anima et ossa et spiritus: quanto magis uos pusillae fidei a m[ortuis] in illa die resurgetis, habentes sanam carnem, sicut et Christus resurrexit? [33] similiter et de Helia propheta: filium uiduae a morte resuscitauit: quanto magis uos dominus Ihesus in uoce tubae, in nutu oculi a morte resuscitabit, sicut et ipse a mortuis resurrexit? tipum enim nobis in suo corpore ostendit. [34] quod si quid aliud recepistis, erit uobis deus in testimonium, et molestus mihi nemo sit; [35] ego enim stigmata Christi in manibus habeo, ut Christum lucrer, et stigmata crucis eius in corpore meo, ut ueniam in resurrectionem ex mortuis. [36] et si quis, quam regulam accepit per felices prophetas et sanctum eu[ange]lium, manet, mercedem accipiet, et cum re[surr]exerit a mortuis, uitam aeternam consequetur; [37] qui autem haec praeterit, ignis est cum illo et cum eis qui sic praecurrunt, qui

33 ms. resuscitabit | ms. notu 35 stigmata Chr. in manibus muss falsch sein; die stigmata folgen erst im nächsten satz 36 manet: nämlich in ea

τοῖς ὀστέοις τοῦ προφήτου Ἐλεισαῖε [ὑπὸ τῶν υἱῶν Ἰσραὴλ] ἐρριμμένος [νεκρὸς] ἀνέστη [ἐκ τῶν νεκρῶν ἐν τῷ σώματι αὐτοῦ], πόσῳ μᾶλλον ὑμεῖς οἱ ἐπὶ τῷ σώματι καὶ τοῖς ὀστέοις καὶ τῷ πνεύματι τοῦ Χριστοῦ ἐρριμμένοι ἐν ἐκείνῃ τῇ ἡμέρᾳ ἀναστήσεσθε σῶαν ἔχοντες τὴν σάρκα; [34] Εἰ οὖν ἄλλο τι δέχεσθε, κόπους μοι μηδεὶς παρεχέτω· [35] ἐγὼ γὰρ τοὺς δεσμοὺς τούτους φέρω, ἵνα Χριστὸν κερδήσω, καὶ τὰ στίγματα αὐτοῦ ἐν τῷ σώματί μου βαστάζω, ἵνα καταντήσω εἰς τὴν [ἐξ]ανάστασιν τὴν ἐκ νεκρῶν. [36] καὶ ὅστις τῷ κανόνι, ὃν διὰ τῶν μακαρίων προφητῶν καὶ τοῦ ἁγίου εὐαγγελίου ἔλαβεν, στοιχήσει, μισθὸν λήψεται· [37] ὃς δὲ ταῦτα παραβαίνει, τὸ πῦρ

33 L_1 (s. dort) und A haben hier einen zusatzvers (A: ferner Elias, der prophet, nahm den sohn der witwe in die arme und weckte ihn von den toten auf; wie viel mehr wird Jesus Christus auch euch auferwecken an jenem tage mit unversehrtem leibe, gleich wie er selbst auferstanden ist von den toten) 34 wenn ihr nun (künftig E) etwas anderes leichtfertig annehmt A E | δέχεσθε: + erit uobis deus in testimonium L_1 | die 2. hälfte nach L_1 A E (A E + in zukunft), molesti esse mihi nolite L_2 (vielleicht richtig) 35 denn ich trage diese bande an mir A E, ego enim arca [?] L_2, ego enim stigmata Christi in manibus habeo L_1 | et ideo stigmata eius in corpore meo porto L_2, et stigmata crucis eius in corpore meo L_1, und die martern dieses leibes dulde ich A, E paraphrasiert | ut ueniam in resurrectionem ex mortuis L_1, ut in resurrectione mortuorum et ipse inueniar L_2, damit ich der auferstehung von den toten würdig werde A E 36 K L_1 E geben den satz im sing., L_2 im plural (A und ihr, ein jeglicher, sowie ihr empfinget) | κανόνι L_1 L_2, gesetz A, die ordnung des gesetzes E | μακαρίων K A E, felices L_1, beatissimos L_2 | στοιχήσει ist fraglich, intenderunt L_2, manet L_1, ausharrt und bleibt E, festhält A | μισθὸν: + dafür und für seine werke E, + a domino L_2 | λήψεται: + bei der auferstehung der toten E, + bei der auferstehung der toten; das ewige leben werdet ihr erben A, + et cum resurrexerit a mortuis, uitam aeternam consequetur L_1 37 L_1 A E geben den satz im sing., L_2 im plural | kleingläubig ist und übertritt A E, was wir ihm gegeben haben + E | in ignem aeternum . . . erunt L_2, das gericht zieht er sich selbst zu A | et cum iis qui sic praecurrunt, qui sine deo sunt homines (Ephes. 2, 12) L_1, sondern auch derer, welche schon vorher auf diese weise als menschen ohne gott auf erden wandelten E, mit den übeltätern und mit denen, welche solches treiben verkehrter menschen üben, wird er gestraft A, et quicunque taliter uersantur L_2

34 s. Gal. 6, 17ª 35 s. Philipp. 3, 8; Gal. 6, 17ᵇ; Philipp. 3, 11 (Luc. 20, 35); der vers findet sich in syrischen martyrien (Nestle) 36. s. Gal. 6, 16

sine deo sunt homines, [38] qui sunt genera uiperarum, [39] quos repellite in domini potestate, [40] et erit uobiscum pax, gratia et dilectio. Amen.

EXPLICIT EPISTULA AD CORINTHIOS TERTIA

ἔσται μετ' αὐτοῦ καὶ μετὰ τῶν οὕτως προδραμόντων, 38 οἵ
εἰσι γεννήματα ἐχιδνῶν, 39 οὓς ἀπωθεῖσθε ἐν δυνάμει τοῦ κυ-
ρίου, 40 καὶ ἔσται μεθ' ὑμῶν εἰρήνη.

38 ottern- und basilisken-gezüchte (A vor ottern- noch schlangenbrut) A E 39 repellite L_1, uos separate L_2, weichet zurück und haltet euch ferne von ihnen durch die kraft unseres herrn Jesu Christi A; solche auszurotten durch die kraft gottes sollt ihr euch drängen lassen E 40 + gratia et dilectio, amen L_1, + die gnade des geliebten erstgeborenen. Amen A, fehlt in E

Der briefwechsel ist besonders deshalb lehrreich, weil man an ihm studieren kann, was man in den gemeinden für das gefährlichste und verderblichste an den gnostischen lehren hielt. Sodann ist zu beachten, wie hier Paulus — noch deutlicher als bei Irenäus und Tertullian — in den schatten der urapostel gestellt wird, die allein als wirkliche zeugen Jesu Christi gelten und von denen Paulus empfangen hat, was er lehrt. Endlich ist nicht zu übersehen, dass der kreuzestod ganz hinter die fleischannahme und geburt zurücktritt. Das evangelium ist die botschaft von der geburt des sohnes gottes und von der auferstehung. Somit ist der briefwechsel eine wichtige urkunde für die vom urchristentum sich stark abhebende, werdende altkatholische kirche und ihre geschichtsbetrachtung und doctrin. Nicht unwahrscheinlich ist mir, dass das bild des Paulus in diesem briefwechsel züge aus dem bilde Polykarps erhalten hat.

Kleine Texte
für Vorlesungen und Übungen

Herausgegeben von Hans Lietzmann

Theologie und Religionswissenschaft

Religionen des Altertums.

7 BABYLONISCH-ASSYRISCHE TEXTE. Übers. von C. Bezold. I. Schöpfung und Sintflut. 2., um den Sintflutbericht verm. Aufl. 24 S. 1911. 0.40

20 ANTIKE FLUCHTAFELN. Hrsg. u. erkl. von Rich. Wünsch. 2. Aufl. 31 S. 1912. —.50

84 AUS EINEM GRIECHISCHEN ZAUBERPAPYRUS. Von Rich. Wünsch. 31 S. 1911. 1.—

133 LAMELLAE AVREAE ORPHICAE. Edidit commentario instruxit Alex. Olivieri. 28 S. 1915. —.90

131 DIE LINDISCHE TEMPELCHRONIK. Neubearb. von Chr. Blinkenberg. 59 S. 1915. 1.90

79 ANTIKE WUNDERGESCHICHTEN. Zum studium der wunder des Neuen Testaments zusammengest. von P. Fiebig. 2. Aufl. 27 S. 1921. 1.—

68 LATEINISCHE SACRALINSCHRIFTEN. Ausgew. von F. Richter. 45 S. 1911. 1.40

Islam.

139 MUHAMMEDANISCHE GLAUBENSLEHRE. Die Katechismen des Fudāli und des Sanussi. Übers. u. erl. von Max Horten. 57 S. 1916. 1.75

105 MYSTISCHE TEXTE AUS DEM ISLAM. Drei Gedichte des Arabi 1240. Aus d. Arab. übers. u. erl. von M. Horten. 18 S. 1912. —.60

119 TEXTE ZU DEM STREITE ZWISCHEN GLAUBEN UND WISSEN IM ISLAM. Die Lehre v. Propheten u.d. Offenb. b. d. islam. Philos. Farabi, Avicenna u. Averroes. Dargest. von M. Horten. 43 S. 1913. 1.40

Judentum.

15/16 DER PROPHET AMOS. Hebräisch und griechisch. Hrsg. von J. Meinhold und H. Lietzmann. 32 S. 1905. Vergriffen.

32 ARAMÄISCHE URKUNDEN z. gesch. d. Judentums im VI. u. V. jahrh. vor Chr. Sprachl. u. sachl. erkl. von W. Staerk. 16 S. Anast. Neudr. d. 1. Aufl. von 1908. 1925. —.70

22/23 JÜDISCH-ARAMÄISCHE PAPYRI AUS ELEPHANTINE. Sprachl. u. sachl. erkl. von W. Staerk. 2., verb. Aufl. 38 S. 1912. 1.25

94 ALTE UND NEUE ARAMÄISCHE PAPYRI. Übers. u. erkl. von W. Staerk. 73 S. 1912. 2.25

58 ALTJÜDISCHE LITURGISCHE GEBETE. Ausgew. und mit Einleitung hrsg. von W. Staerk. 2. Aufl. 32 S. 1930. 1.70

59 DER MIŠNATRAKTAT BERAKHOTH in vokal. Text, mit sprachl. u. sachl. Bemerkungen von W. Staerk. 18 S. 1910. —.60

130 DER TOSEPHTATRAKTAT ROŠ HAŠŠANA in vokal. Text, mit sprachl. Textkrit. u. sachl. Bemerkungen von Lic. Paul Fiebig. 16 S. 1914. —.50

78 RABBINISCHE WUNDERGESCHICHTEN des neutestamentl. zeitalters in vokal. text, mit sprachl. u. sachl. bemerkungen von P. Fiebig. 28 S. 1911. 1.—

64 DIE ODEN SALOMOS, aus dem Syrischen übersetzt mit Anmerkungen von A. Ungnad und W. Staerk. 40 S. 1910. Vergriffen.

Alte Kirche.

126 ANTIKE JESUS-ZEUGNISSE. Vorgel. von J. B. Aufhauser. 2., verm. Aufl. 57 S. 1925. 2.40

157 BUDDHA UND JESUS IN IHREN PARALLEL-TEXTEN. Hrsg. von J. B. Aufhauser. 30 S. 1926. 1.60

1 DAS MURATORISCHE FRAGMENT und die monarchianischen prologe zu den evangelien. Hrsg. von H. Lietzmann. 3. Aufl. 16 S. 1921. 0.50

2 DIE DREI ÄLTESTEN MARTYROLOGIEN. Hrsg. von H. Lietzmann. 3. Aufl. 18 S. 1921. —.25

6 DIE DIDACHE. Mit kritischem Apparat. Hrsg. von H. Lietzmann. 3. Aufl. Neudruck. 16 S. 1930. 1.—

152 EPISTULA APOSTOLORUM. Nach dem äthiopischen und koptischen Texte hrsg. von Hugo Duensing. 42 S. 1925. 2.—

14 GRIECHISCHE PAPYRI. Ausgew. u. erkl. von H. Lietzmann. 2. Aufl. 32 S. 1910. 1.—

4 AUSGEWÄHLTE PREDIGTEN. I: Origenes homilie X zum Jeremias, homilie VII zum Lukas, homilie XXI zum Josua. Hrsg. von E. Klostermann. 2. Aufl. 25 S. 1914. —.40

13 AUSGEWÄHLTE PREDIGTEN. II: Fünf Festpredigten Augustins in gereimter Prosa. Hrsg. von H. Lietzmann. 1905. Vergriffen.

83 ORIGENES, EUSTATHIUS VON ANTIOCHIEN, GREGOR VON NYSSA über die Hexe von Endor. Hrsg. von Erich Klostermann. 70 S. 1912. 1.20

151 CELSI ALETHEIS LOGOS. Excussit et restituere conatus est Dr. O. Glöckner. XIV, 72 S. 1924. 3.—

17/18 SYMBOLE DER ALTEN KIRCHE. Ausgew. von H. Lietzmann. 2. Aufl. Nachdruck. 40 S. 1931. 1.75

9 PTOLEMAEUS BRIEF AN DIE FLORA. Hrsg. von A. Harnack. 2. Aufl. 10 S. 1912. —.35

129 TEXTE ZUR GESCHICHTE DES MONTANISMUS. Hrsg. von D. N. Bonwetsch. 32 S. 1914. 1.—

122 URKUNDEN ZUR ENTSTEHUNGSGESCHICHTE DES DONATISMUS. Hrsg. von Hans v. Soden. 56 S. 1913. 1.75

47/49 LATEINISCHE ALTKIRCHLICHE POESIE. Ausgew. von H. Lietzmann. 64 S. 1910. 2.—

26/28 LATEINISCHE ALTCHRISTLICHE INSCHRIFTEN mit einem Anhang jüd. Inschriften. Ausgew. u. erkl. von E. Diehl. 2. Aufl. 86 S. 1913. 2.75

108 KONSTANTINS KREUZESVISION. In ausgew. Texten vorgelegt von J. B. Aufhauser. 26 S. 1912. —.90

Liturgie.

2 DIE DREI ÄLTESTEN MARTYROLOGIEN. Hrsg. von H. Lietzmann. 3. Aufl. 18 S. 1921. —.25

5 LITURGISCHE TEXTE. I: Zur gesch. d. orientalischen taufe und messe im 2. und 4. jahrh. Ausgew. von H. Lietzmann. 2. Aufl. 16 S. 1909. —.50

19 LITURGISCHE TEXTE. II: Ordo missae secundum missale romanum. Hrsg. von H. Lietzmann. 3. Aufl. 29 S. 1923. —.75

35 LITURGISCHE TEXTE. III: Die konstantinopolitanische meßliturgie vor dem IX. jahrhundert. Übersichtl. Zusammenstellung des wichtigsten Quellenmaterials. Von A. Baumstark. 16 S. 1909. —.50

36 LITURGISCHE TEXTE. IV: Martin Luthers Von ordnung gottesdiensts, Taufbüchlein, Formula missae et communionis 1523. Hrsg. von H. Lietzmann. 24 S. 1909. —.75

37 LITURGISCHE TEXTE. V: Martin Luthers Deutsche Messe 1526. Hrsg. von H. Lietzmann. 16 S. Neudruck. 1929. —.75

61 LITURGISCHE TEXTE. VI: Die Klement. liturgie a. d. Const. apost. VIII nebst anhängen. Hrsg. von H. Lietzmann. 32 S. 1910. 1.—

FSC
www.fsc.org
MIX
Papier | Fördert gute Waldnutzung
FSC® C083411

Kolibri 360 GmbH
Ferdinand-Jühlke-Straße 7
99095 Erfurt, Deutschland
produktsicherheit@kolibri360.de